WAS IST WAS

学习源自好奇 科学改变

未来能源 让世界动起来

探索月球 神秘而强大

神奇地球 蔚蓝的家园

神秘机器人 人工智能和超级好帮手

奇妙的人体 大自然的杰作

深海之谜 生机勃勃的美丽国度

太空之旅 深入宇宙的探险

走进热带雨林 地球的绿色宝库

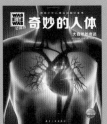
宇宙中的星体 打开探索宇宙的大门

伟大的发明 天才与灵感的杰作

神奇的火车 沿着铁轨驶向未来

沙漠之旅 探险、漫游和无尽的远方

显微镜探秘 肉眼看不见的微小世界

野生动物 从未被驯服的野性

奇趣萌宠 人类的好朋友

鸟类不简单 天空中的杂技演员

神秘的古埃及 尼罗河畔的金色帝国

印第安人 北美原住民

伟大的探险家 跟随他们的脚步,探索全世界

未来世界 一切都在变化之中

蛇的故事 拥有敏捷身躯的猎手

考古探秘 发掘远古历史的宝藏

马的生活 人类忠实的伙伴

舞蹈的魅力 合拍起舞

生物质资源 植物动力引领未来
2023 NEW

石器时代 火的控制与使用
2023 NEW

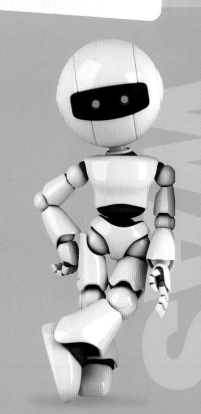

WAS
IST
WAS

珍藏版

德 国 少 年 儿 童 百 科 知 识 全 书

神秘的蜘蛛

丝线上的猎手

[德] 雅丽珊德拉·里国斯／著　孙 瑜／译

航空工业出版社

方便区分出
不同的主题!

真相大搜查

一旦踏错丝线，蜘蛛也会被粘在
自己的网上。

23

9

多么美味的小点心！
蜘蛛是许多动物的盘
中珍馐。

符号▶代表内容特别有趣！

34

奇异盗蛛如何欺骗配偶？

29
络新妇甚至能
杀死小蛇。

46

几乎家家户户都有巨型家隅蛛。

重要名词解释

生物学家彼得·耶格尔：
我为什么喜欢蜘蛛？

络新妇织出的圆形蛛网：自童年起，彼得·耶格尔便醉心于它们的精美。

彼得·耶格尔把这只有着金色朋克发型的蜘蛛命名为大卫鲍伊巨蟹蛛。

5岁时，我就喜欢观察园蛛和它们结的网。这么小的动物竟能造出一个如此精致的陷阱，真令人着迷。蜘蛛能像人类一样使用工具，还有其他动物有这般本领吗？更别提昆虫踏入罗网的瞬间，蜘蛛从暗处冲出来那风驰电掣般的速度了。

上小学时，我就用装酸黄瓜的大玻璃瓶养过宠物蜘蛛，甚至还繁育过它们呢。我还给蜘蛛写活动日志。15岁时，父母送给我一只捕鸟蛛，它陪伴了我12年。蜘蛛在颜色与形态上令人难以置信的多样性，让我十分着迷。如今，

我是德国法兰克福森肯贝格研究所的负责人，掌管着全德国最多的蜘蛛样本。我喜欢去世界各地考察旅行，例如东南亚。至今我已发现了约400种新的蜘蛛种类。我在显微镜下仔细观察这些尚不知名的动物，测量并绘制出它们的模样。

作为发现者，我们有权自己给新物种命名。我喜欢给我的蜘蛛起明星的名字，例如大卫·鲍伊。这样可以引起很多关注。我想提醒人们，由于人类破坏了它们的生存环境，许多蜘蛛已濒临灭绝。

蜘蛛的典型特征
——研究者的小清单

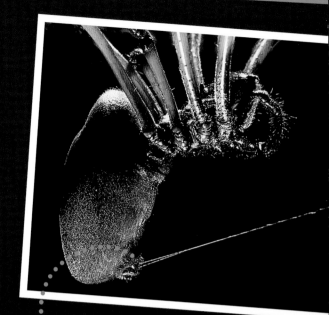

1 所有蜘蛛都是 8 条腿，而昆虫则是 6 条腿。

2 蜘蛛身体由头胸部和腹部两部分组成，蜘蛛的腿长在头胸部的两侧。这两部分由一根看不见的腹柄相连。

3 蜘蛛可以"织"网，这恰恰是它名字的谐音。蜘蛛的网不仅是捕获猎物的陷阱，也是它们和卵囊的柔软居所。

4 与绝大多数昆虫不同，蜘蛛没有翅膀。

5 蜘蛛是食肉动物。几乎所有的蜘蛛都只吃动物，拒绝食草。

6 绝大多数蜘蛛有毒！

7 除了唯一的特例，几乎所有蜘蛛都生活在陆地上。

8 蜘蛛分布在地球的各个角落，只有在南极冰川至今尚未发现它们的踪迹。

装备专业的爬行者

蜘蛛的头部与胸部组成了**头胸部**，头胸部两侧共长着8条腿。

蜘蛛的口前附肢叫作**螯肢**，末端连着有毒的**螯爪**。安静的时候，螯爪像折叠刀一样折拢收起。一旦蜘蛛咬住猎物，螯爪便会迅速张开，夹紧猎物。

这对造型奇特的**触肢**是蜘蛛捕获猎物的利器，它们在蜘蛛的交配过程中也起着重要作用。

➡ 纪录

30厘米

歌利亚不仅是《圣经》中的巨人战士，也是全世界已知的体形最大的蜘蛛——歌利亚巨人食鸟蛛的名字。歌利亚巨人食鸟蛛生活在南美洲，足展可达30厘米，这几乎是一个盘子的直径！然而，在蜘蛛的国度，歌利亚巨人食鸟蛛只能算是个例外。全世界一半的蜘蛛种类都是不到5毫米的小个子。

蜘蛛的步足由6个**关节**分为7节，因此蜘蛛可以活动自如。步足末端长着**爪**。结网蜘蛛的每个步足末端有3个爪，借助它们，结网蜘蛛可以牢牢抓住自己的丝网。

蜘蛛有两种呼吸方式。其中一种是用**书肺**呼吸：书肺是蛛形动物特有的呼吸器官，内有许多纤薄的书页状肺叶，氧气经由这些肺叶输送到血液中。此外，许多蜘蛛体内除了有一对书肺外，还有一个贯穿全身的精密气管网络，可以直接供给氧气。

和头胸部不同，蜘蛛的**腹部**充满弹性。当它们饱餐一顿，或是雌性蜘蛛体内的卵逐渐成熟时，腹部就会明显隆起。

大多数蜘蛛腹部的中间或后端长着 3 对**纺绩器**，也有 1 对、2 对或 4 对的情况。**纺绩器**与后部的**丝腺**相连，丝腺产生丝液，然后通过**纺绩器**表面微小的纺管源源不断地吐出。

不同种类的雌性蜘蛛，**外雌器**开口的形状各不相同，以确保只能放入同类雄性蜘蛛的**触肢器**。

捕食与被捕食

蜘蛛吃什么?

昆虫,昆虫,还是昆虫。如果没有蜘蛛,我们耳边将时时刻刻充斥着蚊子和苍蝇的嗡嗡声。这些8只脚的蜘蛛吃下的动物比地球上所有大型食肉动物捕获的猎物总和还要多!毕竟,地球上蜘蛛的数量可不是狮子和老虎可以相提并论的。足球场大小的一片草地上就生活着接近400万只蜘蛛。

猫蛛喜欢在白天猎食,且不需要结网,其特征是腿上长有小刺。

除了昆虫,许多其他动物也是蜘蛛的美食:例如潮虫和蜈蚣,甚至是其他蜘蛛。一些蜘蛛专门猎食自己的同类。这些蜘蛛捕猎者有一个特别的招数:它们晃动别人的网,以此吸引网主人上前。网主人还期待着肥美的猎物送上门,没想到反遭猎食。

络新妇的蛛网很大,有时还会捕获不慎闯入的蜂鸟。人们有时将这种蜘蛛误认为捕鸟蛛。络新妇虽然不捕食鸟类,却时不时猎杀老鼠或是壁虎之类的小型脊椎动物。

新鲜的活鱼也是一些蜘蛛的桌上美食:水蛛(又称为潜水钟蜘蛛)潜入水中,在沉浮间捕捉小鱼;一些狡蛛则从陆地或水面上抓获小鱼。所有蜘蛛都吸食食物。它们先用毒液和唾液将猎物化为液体,然后像吸管一样将液体吸入体内。有些蜘蛛还会用触肢及螯肢揉捏猎物。

一只植狡蛛静静地埋伏在睡莲叶上。它甚至能时不时地逮住小鱼!

不可思议!

所有规则皆有例外:直到2008年,研究者们才发现,在中美洲生活着一种以植物为食的跳蛛。吉氏巴跳蛛以阿拉伯胶树树叶末端生长的营养组织为食。这位沙拉爱好者偶尔也会捕食苍蝇。值得一提的是,这种跳蛛因纪念英国作家鲁德亚德·吉卜林及其著作《丛林奇谈》里的黑豹巴希拉而得名。

像这只瓢虫一样的昆虫是蜘蛛最爱的美食之一。

真是令人难以置信，烤蜘蛛在一些国家居然是至尊美味！

谁吃蜘蛛？

蜘蛛富含蛋白质，且肥美的腹部没有坚硬的甲壳，因此是鸣禽梦寐以求的美食，鸣禽用蜘蛛来喂养自己的幼鸟。除了壁虎、乌龟等爬行动物，偶尔也有老鼠、蝙蝠以及其他小型哺乳动物以蜘蛛为食。在热带，有些猴子也会捕食蜘蛛。

在一些国家，甚至人类也吃蜘蛛！捕鸟蛛是东南亚人和南美印第安人的珍馐美味，可烤可煎，据说味道像螃蟹。

然而，蜘蛛的宿敌竟然是蜂。这里说的并非是喜欢在蛋糕柜台边打转的黄黑相间条纹的胡蜂，而是体形更小的、毫不起眼的蛛蜂、狩猎蜂和姬蜂。这些蜂都是寄生性昆虫，它们以非常卑劣的手段使蜘蛛丧命：它们首先用毒刺麻痹蜘蛛，然后在毫无还手之力的猎物体内或躯干上产卵。幼虫破卵而出后，就会活活吃光蜘蛛的身体。

美味佳肴

绿蜥喜欢捕食蜘蛛，翠鸟有时也会享用一顿蜘蛛盛宴。

→ 纪录

活到 **30** 岁

只要不落入鸟类或蜥蜴的口中，有些捕鸟蛛可以活到 30 岁！

看见……
但最好别被看见

8 只眼睛看到的更多

"8"对于蜘蛛来说似乎是个神奇的数字：因为它们不仅有 8 条腿，而且大多还有 8 只眼睛。然而，其中只有两只主眼能像我们人眼一样看到图像，其他眼睛只能感知运动，类似于一种运动探测器。另外，蜘蛛没有昆虫那样的复眼，只有普通的单眼。

像跳蛛这类成天狩猎的蜘蛛有一对很好辨认的铜铃眼。与之相反，结网蜘蛛大多长着小眼睛，有些生活在洞穴里的蜘蛛甚至没有眼睛。对于蜘蛛来说，触觉、听觉、嗅觉和味觉比视觉更为重要，毕竟它们中的许多种类都是夜游侠。

然而蜘蛛既没有鼻子，也没有耳朵。它们用腿来嗅闻、品尝和聆听。那遍布全身的令人害怕的触毛就是它们的感觉器官。有的细毛和小刺感受触摸，有的则感受晃动、温度或湿度，还有一些对化学物质产生反应——就像我们人类的鼻子一样。

蜘蛛有两种构造迥异的眼睛：前端正中是能感知图像乃至色彩的主眼，主眼周围聚集着只能感知运动的副眼。两者相加可以覆盖大片

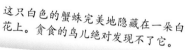

➡ 纪录
1.4 毫米

澳大利亚的妖面蛛拥有所有蜘蛛、昆虫以及其他无脊椎动物中最大的单眼。它一只眼睛的直径达到 1.4 毫米。

跳蛛巨大的主眼可以锁定猎物。

这只白色的蟹蛛完美地隐藏在一朵白花上。贪食的鸟儿绝对发现不了它。

视线范围，蜘蛛不用转头就能发现斜后方的动作。这在提防敌人时非常实用。

8腿变6腿：美丽蚁蛛的前股看起来就像蚂蚁的触角。

蜘蛛自保的方式：欺骗、伪装、制造错觉

蜘蛛只有在万不得已时才会蜇咬对手、释放毒液。它们很清楚，自己无法迅速令体形更大的动物失去战斗力，因此更多时候它们情愿逃跑，或是以迅雷不及掩耳之势落到地面。这时它们会蜷起腿，缩成一小团装死。

为了让敌人压根注意不到自己，蜘蛛的外观尽量与环境融为一体，这就是大多数蜘蛛都是灰褐色的原因。它们的身体带有斑纹，几乎隐没在草秆和树枝间。十字园蛛的典型花纹就起着隐身作用。蟹蛛甚至能随着其栖身的花朵变化色彩：它们时白时黄，时而换上粉色

的条纹。

一些棘腹蛛的隐藏方式格外有趣：它看起来就像一团灰白色的鸟粪！这样一来，小鸟自然没兴趣啄食了。

而蚁蛛乍看之下，则与真正的蚂蚁难以区分。蚁蛛的伪装能保护自己不被敌人捕食，因为许多以昆虫为食的动物都会避开蚂蚁：蚂蚁不但会喷射有毒的酸液，而且显然也不怎么美味。人们把动物王国里的这种乔装称为拟态。

➡ 你知道吗？

遇到攻击时，有些类型的捕鸟蛛并不依赖自己强有力的有毒螯爪，反而情愿踢下腹部的蜇毛甩向敌人。这些蜇毛落在皮肤上会奇痒无比，如果掉进眼睛里则会引起剧烈的疼痛和炎症。

这只微绿小遁蛛完美地融入了所在的环境。

这只棘腹蛛的外形令敌人倒尽胃口。

图中酷似缝合的口袋一样的东西其实是高倍放大的叶螨。

蜘蛛虽不是昆虫，却是昆虫的远亲。它们和甲壳动物以及千足虫一样，都属于所谓的节肢动物。这是动物界非常古老且成功的一个门类：全世界约 80% 的动物都是节肢动物！

顾名思义，节肢动物的身体分成几段，或者说分为几节。此外，节肢动物的重要特征就是有铠甲一般的外骨骼，只不过蜘蛛的外壳不如螃蟹或甲虫这般坚硬。由于坚硬的外壳会限制身体的生长，蜘蛛和它的亲戚们在成长过程中不得不多次蜕皮，将旧的外壳蜕去。

蜱螨——讨厌的小个子

蜘蛛的近亲有盲蛛、蝎子和蜱螨。盲蛛很容易与蜘蛛混淆，但是它们既没有丝腺，也没有有毒的螯爪。有些盲蛛遇到威胁时会自断一条腿，以此分散敌人的注意力。

在中欧，只有奥地利南部和瑞士才有真正的蝎子。而蜱螨则随处可见，有些甚至生活在你的床上！这些用显微镜才能看见的螨虫以掉落的皮屑为食，本身并无危害。然而，它们的排泄物会使许多人产生过敏反应。

同属蜱螨亚纲的蜱虫则更令人讨厌：它们钻入人类和动物的皮肤并吸食血液。在德国最常见的是蓖子硬蜱，人们在草坪上或灌木丛里时常能抓到它们。蜱虫叮咬可能令被咬者患上蜱媒脑炎以及细菌感染导致的莱姆病。

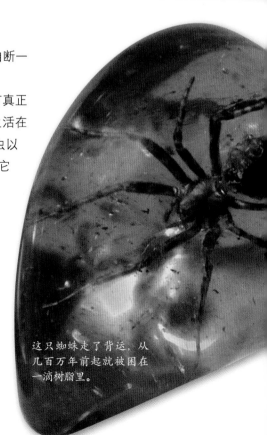

这只蜘蛛走了背运，从几百万年前起就被困在一滴树脂里。

拔除蜱虫——请这么做

即使蜱虫紧紧吸附在你身上，也无须恐慌。当然最好是尽快拔除这家伙，因为时间越长，感染莱姆病的风险越高。如果不凑巧，附近没有医生，你的父母就得亲自上阵了。

步骤如下：

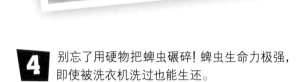

1 让小镊子或专业的蜱虫夹尽可能地贴近皮肤，夹住蜱虫。

2 小心摇晃，让蜱虫松开口器，然后慢慢地、有控制地将它完整地拔出。

3 我们还可以使用除蜱板，把 V 字形的凹口插在蜱虫下，把它撬出来。

4 别忘了用硬物把蜱虫碾碎！蜱虫生命力极强，即使被洗衣机洗过也能生还。

5 用伤口消毒剂清洗蜱虫叮咬处。

6 如果伤口周围的红肿范围变大或感染，请立刻就医！

伪蝎和没有毒刺的盲蛛（下）也属于蛛形纲动物家族。

蝎子的毒液藏在可弯曲的尾巴末端。

这只已成化石的远古蜘蛛被命名为珀玛拉赫纳。

知识加油站

▶ 最古老的蜘蛛类动物化石快要 4 亿岁了。

▶ 蜘蛛的出现比恐龙还要早得多。

▶ 世界上最古老的蜘蛛网保存在一块琥珀中。它大约诞生于 1 亿年前。

蜘蛛蜘蛛告诉我，
世上最美的是哪个？

蜘蛛可能是益虫，也可能很有趣——但是漂亮吗？你可能会想，蜘蛛长长的腿和脏兮兮毛发看起来相当恶心，是不是？但是不要忘了，蜘蛛里也有能与漂亮的甲虫或蝴蝶媲美的极品美蛛。那到底谁配得上"世界蜘蛛小姐"的头衔呢？

1 玫瑰色的梦：**满蟹蛛**是蜘蛛王国的公主，与之颜色相配的花朵就是它的宫殿。

2 "宝贝，看着我的眼睛！"这只**黑斑蝇狼**看起来充满了渴望。它用专注的眼神期待着猎物的出现。

3 **松猫蛛**嫩绿的外衣与腿上装饰性的毛十分搭配。如同名字所揭示的，它和猫科动物一样善于潜伏，伺机出击，快如闪电。

4 只有雄性**逍遥蛛**才有这么时髦的衣衫。雌性逍遥蛛则情愿躲在伪装服下，毕竟它们还要考虑养育后代。

5 **棘腹蛛**色泽鲜艳，曲线夸张。它们醒目的外形能吸引一些把它们误认为鲜花的昆虫。

6 这种红色的**隆头蛛**有着漂亮的斑点，可惜濒临灭绝。这种外表华丽的动物已被载入世界自然保护联盟濒危物种红色名录。

蜘蛛生活在哪里？

蜘蛛是生存艺术家。无论是炎热的沙漠还是山顶，无论是布满尘埃的房间角落还是暗无天日的洞穴，到处都能找到蜘蛛的踪影。当然，绝大多数的蜘蛛生活在热带雨林中。无论是多么迥异的生存环境，蜘蛛都能完美适应。唯独在冰川它们可能无法生存，因为在那里它们找不到食物。然而，严寒本身对蜘蛛并无大碍：有些种类的蜘蛛血液中含有天然的防冻物质。

没有翅膀的飞行

虽然蜘蛛没有翅膀，空中依然到处可见它们的身影！研究者甚至在 5 000 米的高空发现过蜘蛛。小型蜘蛛和幼蛛撅高腹部，放出一条丝线，然后等着吹来的风托起自己。它们就这样像滑翔伞一样滑得远远的，最后定居在一个陌生的地方。在喀拉喀托火山（位于印度尼西亚巽他海峡）爆发后，研究者在废墟中发现的第一个生物就是蜘蛛。

在秋天，空气里到处飘浮着这种飞丝。它们来自正在寻找新领地的小皿蛛（也称华盖蛛）。

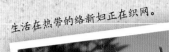
生活在热带的络新妇正在织网。

有趣的事实

如果变成轮子……

在海边散过步的人都知道在沙滩上奔跑有多累。蜘蛛也不例外。因此，有些 8 条腿的"沙漠居民"进化出了一种非常特定的前进方式：遇到危险，它们会像轮子一样滚走！

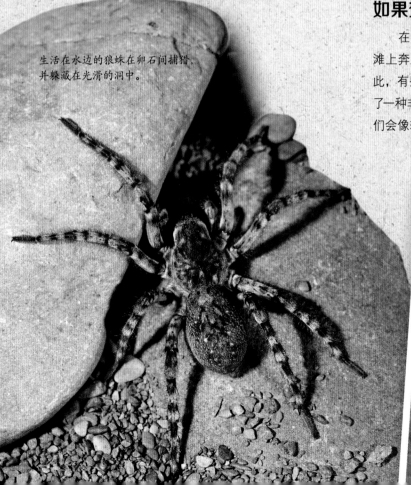
生活在水边的狼蛛在卵石间捕猎，并躲藏在光滑的洞中。

这只洞穴蜘蛛（梅氏后蛛）就这么悬挂在丝线上静候猎物。

蜘蛛潜水

经证实，绝大多数蜘蛛为陆生生物，但也有一些种类不惧水泽。例如水涯狡蛛就在池塘水面猎捕蝌蚪、飞虫和小鱼。它们可以在水面行走，遇到危险时甚至可以潜入水下。

水蛛是唯一一种可以在水中度过一生的蜘蛛种类。它们进化出一种可以在水下储备空气的天才技巧。如同大多数蜘蛛一样，水蛛用书肺呼吸，无法像长着腮的鱼类一样在水下呼吸。

因此，水蛛在水生植物间编织了一张开口朝下的钟形网络。这个"潜水钟"里充满了蜘蛛从水面获取的空气。水蛛从水面上获得空气后，会将气泡存储在腹部和腿上的毛发之间。

在池塘里漫游时，水蛛也随身拖着这样的气泡——就像潜水员带着压缩氧气瓶一样。此外，水蛛采取的是仰泳的姿态。它们的一对后腿起着船桨的作用。一旦氧气耗尽，水蛛就从潜水钟里补给。有时它们也在罩子内埋伏等待小型水生物。进食、交配以及蜕皮时，它们也同样会躲进充满空气的家中。

通过某种物理戏法，水蛛的潜水钟可以自行装满已溶解在水中的空气。然而，水蛛一天还是需要浮出水面一次来补给空气的。它们在储有空气的空蜗牛壳中过冬。

（险些）致命的一跳

并非所有蜘蛛都喜欢静候猎物，有些种类擅长主动出击。它们像猫科动物一样悄悄潜伏并靠近目标，接着做出一个连猎豹都要致敬的跳跃。跳蛛就是这样灵巧的猎人。图中一只带绯蛛正像体操运动员一样在空中纵跃，毫无察觉的蚊子似乎已无路可逃。然而据摄影师称，昆虫在最后一刻成功逃脱了。看来这只年轻的雌性蜘蛛还得多多练习啊！此外，保险起见，这些小蜘蛛跳跃时会挂着丝线，一旦坠落，丝线能拉住它们。

有趣的事实

蜘蛛宇航员

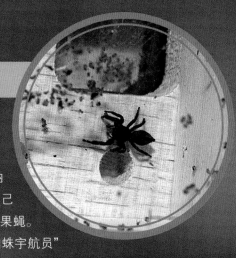

2012 年，一只跳蛛甚至进入了太空。在国际空间站，这只名为纳芙蒂蒂、人称纳菲的小动物证明自己即使在失重状态下也能准确地扑向果蝇。在太空中生活 100 天后，这名"蜘蛛宇航员"回到了地球，并于 5 天后自然死亡。

1

2

3

➡ **纪录**

最远可达 **25** 倍

跳蛛是世界跳远冠军；它们
最远可以跳到身长 25 倍的距离。
如果一个身高 1.6 米的人想要获
得同样的成绩，就得跳 40 米远！

富有技巧的捕杀

每个人都见过蜘蛛网，但有谁真正观察过流星锤蜘蛛（瘤腹蛛）、活板门蜘蛛（螲蟷）或是胸斑花皮蛛是如何捕杀猎物的呢？蜘蛛界五花八门的猎捕方式是自然界的奇迹之一。在几百万年的进化中，每种蜘蛛的技能都与它们的生活环境和钟爱的美食完美适应。然而有一个原则始终保持不变：无论是用毒牙还是黏丝——蜘蛛总是想方设法让猎物瞬间失去战斗力。毕竟，搏斗并不适合脆弱的蜘蛛。

哪种蜘蛛的捕杀方法最出人意料？

花皮蛛是角逐"捕猎高手"称号的有力竞争者，其中胸斑花皮蛛生活在中欧，它们喜欢住在房屋里，晚上在墙壁上四处爬行。一旦发现苍蝇或蚊子，它们就对着猎物吐出一团重叠的、混着毒液的黏液。花皮蛛的毒腺不仅分泌毒液，还产生黏液！一眨眼的工夫，昆虫身陷图圄，蜘蛛一口咬上去，夺去它们的性命。

8 条腿的牛仔

流星锤蜘蛛将一滴黏液固定在好几厘米长的丝线上，然后像牛仔挥舞套索一样挥舞丝线，让黏液随风旋转。同时，它们释放出一种能吸引雄性夜蛾前来觅偶的气味。寻味而来的飞蛾很快粘在旋舞的黏液上，成为蜘蛛的腹中美食。

地蛛捕获土鳖虫和其他地面昆虫的陷阱也令人印象深刻：它先挖一个居住管道，然后把丝线"糊"在管道的内壁上。这根缠绕着丝线的管子一直延伸到地表，并利用泥土和植物仔细伪装。当猎物经过时，地蛛就快如闪电般地从管道内攻击猎物。地蛛超长的毒螯牙一下就能刺穿猎物！

胸斑花皮蛛

胸斑花皮蛛向猎物喷吐毒丝，令它们丧失战斗力。

活板门蜘蛛打开它们精心隐藏的通往地道的大门。

地蛛的螯牙特别有力。

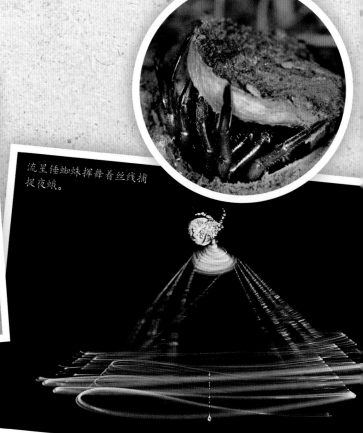

流星锤蜘蛛挥舞着丝线捕捉夜蛾。

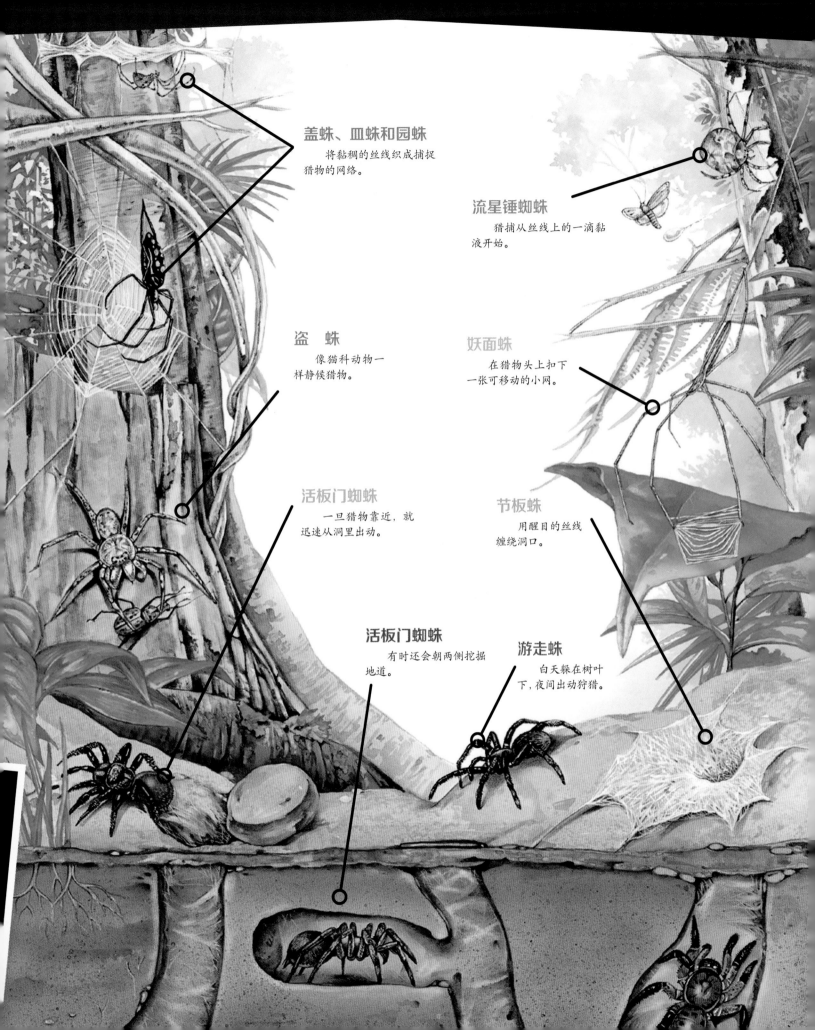

盖蛛、皿蛛和园蛛

将黏稠的丝线织成捕捉猎物的网络。

流星锤蜘蛛

猎捕从丝线上的一滴黏液开始。

盗 蛛

像猫科动物一样静候猎物。

妖面蛛

在猎物头上扣下一张可移动的小网。

活板门蜘蛛

一旦猎物靠近，就迅速从洞里出动。

节板蛛

用醒目的丝线缠绕洞口。

活板门蜘蛛

有时还会朝两侧挖掘地道。

游走蛛

白天躲在树叶下，夜间出动狩猎。

绝妙的陷阱

说起蜘蛛，许多人可能觉得五味杂陈。可对于秋天挂满珍珠般露珠的蜘蛛网，谁又不心驰神往呢？那精美的画面有着独特的美，可同时蛛网也是步步为营的陷阱：螺旋形的蛛网只需少量的蛛丝就能化成巨大的猎捕场地。

甜品之网

蜘蛛劳心劳力地织网，这耗费了它们许多精力，因此我们在故意摧毁这一充满艺术感的网之前应当三思。当然，大多数蜘蛛每天都会织新网。但它们不会就这么浪费旧网，而是仔细地将它们卷起来，然后吃掉！这些网富含的营养成分是蜘蛛继续织网所需的！

小心，报警装置！

圆形蛛网是蜘蛛最为人熟知的陷阱，但其实蛛网的形状有好几种。有时蜘蛛坐在蛛网中央，有时它们屏息躲藏，由一根蛛丝与蛛网连接。一旦蛛丝抽动，蜘蛛就知道自己捕到了猎物。接着它会扑向猎物，一口咬住并把猎物缠绕进丝线里。如果包裹妥当，猎物可以储存一段时间。

蛛网是蜘蛛应对昆虫翅膀的工具。3.5亿年前，当昆虫在空中飞翔的时候，蜘蛛只能望尘莫及。但从那时起，某些种类的蜘蛛已经开始编织丝网，就是为了能将那些飞行艺术家们从空中捕获。为此，蜘蛛有意识地将包裹蜘蛛卵的蛛丝与织网的蛛丝区分开来。

➡ 你知道吗？

何必费劲织大网呢？对于妖面蛛来说，在一对前腿中间张开一张身体大小的网就绰绰有余了。它们带着这一武器在夜里静静潜伏着。一旦有昆虫靠近，妖面蛛就把网扣在猎物头上。

混乱的咖啡网

科学家们也有异想天开的时候：研究者彼得·维特和汉斯·彼得斯既想观察蜘蛛结网，又想睡懒觉，可惜蜘蛛只在昆虫大量出动的清晨织网。于是他们俩就试着使用不同的兴奋剂，试图改变蜘蛛的生物钟。然而实验失败了：在药物的作用下，蜘蛛只能织出乱七八糟的蛛网。咖啡因显然会让蜘蛛的大脑彻底陷入混乱状态。

蜘蛛是怎样织网的？

蜘蛛借着风力让蛛丝飘舞，直到蛛丝挂到另一根树枝上。

接着蜘蛛沿着丝线爬到对面，搭起一座天桥……

片 网

垂直的绊脚丝线使飞行中的昆虫坠落，接着落到黏糊糊的"吊床"上。

皿 网

蜘蛛倒挂在穹顶下伺机捕猎。一旦有猎物靠近，它们就穿过蛛网，撕开一个洞，将猎物拖到身边。

三维网

有些呈完美的几何对称，有些又是乱七八糟一团。幽灵蛛或球腹蛛等不同种类的蜘蛛栖居于此。

然后蜘蛛让自己从线的中间吊下，慢慢将蛛丝织成 Y 字形。

蜘蛛继续画圈，从内向外编织没有黏性的、起到辅助作用的框架。

最后，蜘蛛从外向内铺设真正用于捕捉猎物的、有黏性的螺旋丝。

坚韧的细丝线

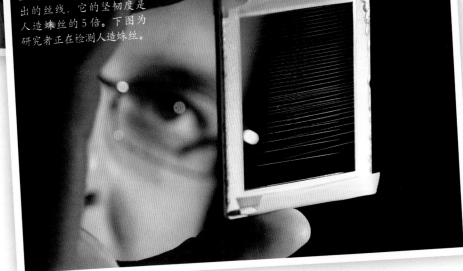

上图为棘腹蛛的纺绩器吐出的丝线，它的坚韧度是人造蛛丝的 5 倍。下图为研究者正在检测人造蛛丝。

蛛丝是自然界最坚韧的纤维。它可以轻松承受风吹雨打或是胡蜂的撞击。你当然可以很轻易地撕碎一张蛛网，但这仅仅是因为这些丝线异常纤细——人类的头发都比蛛丝粗 40 倍！如果蛛丝和我们的手指一样粗，承托一架飞机都不在话下。

蛛丝比橡胶更有韧性，比钢铁更牢固，因此众多工程师纷纷致力于将蛛丝运用到技术领域，例如缝制防弹背心或修复撕裂的肌腱。可惜蜘蛛很难饲养，更别提为人类产丝了。因此，尽管研究者试着制造人工蛛丝，然而至今仍收效甚微。

尽管如此，我们也许在不久的将来就能购买一种蛛丝制品了：不是什么防护服，而是保湿霜！要知道，蛛丝可是能吸收大量水分的。

有趣的事实

坚固的网络

从前，几内亚人用络新妇宽至 2 米的巨型蛛网捕鱼！

生产6种丝线的迷你工坊

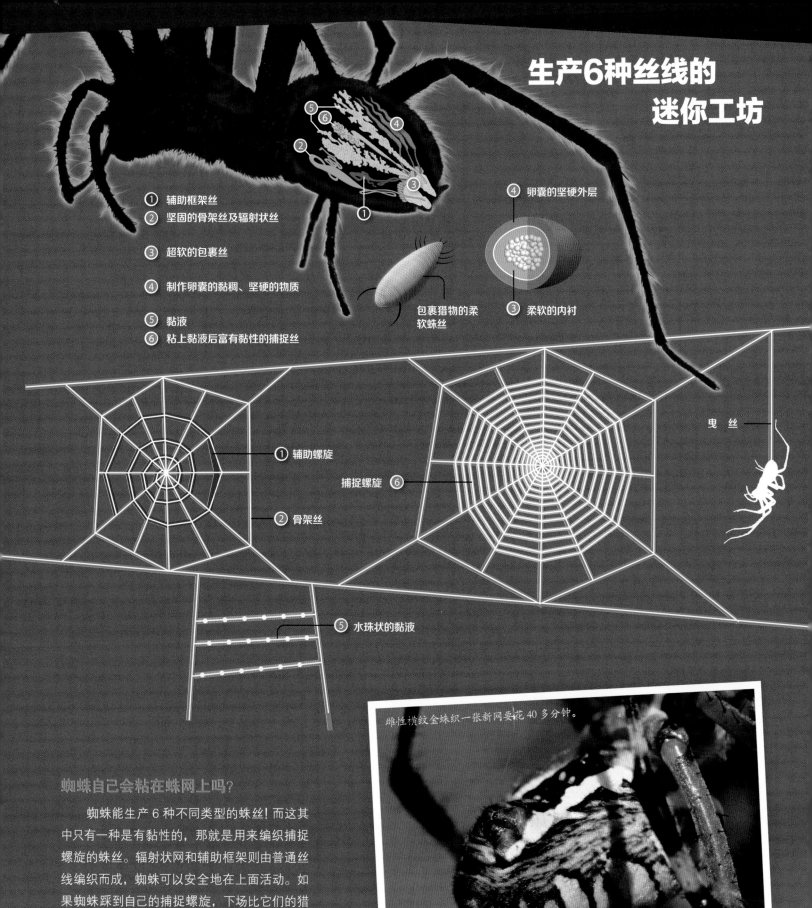

① 辅助框架丝
② 坚固的骨架丝及辐射状丝
③ 超软的包裹丝
④ 制作卵囊的黏稠、坚硬的物质
⑤ 黏液
⑥ 粘上黏液后富有黏性的捕捉丝

包裹猎物的柔软蛛丝

④ 卵囊的坚硬外层
③ 柔软的内衬

曳丝

① 辅助螺旋
② 骨架丝
捕捉螺旋 ⑥
⑤ 水珠状的黏液

雌性横纹金蛛织一张新网要花 40 多分钟。

蜘蛛自己会粘在蛛网上吗？

蜘蛛能生产 6 种不同类型的蛛丝！而这其中只有一种是有黏性的，那就是用来编织捕捉螺旋的蛛丝。辐射状网和辅助框架则由普通丝线编织而成，蜘蛛可以安全地在上面活动。如果蜘蛛踩到自己的捕捉螺旋，下场比它们的猎物也好不到哪儿去！

蜘蛛艺术画廊

蛛丝无所不能，在此向大家展示这些 8 条腿的艺术家的杰作。

2 皿蛛的蛛网看起来就像小型的蹦床。尤其是一到秋天，整片草坪或灌木丛都笼罩在它们闪耀的编织作品之下，因为年轻的蜘蛛会在秋天编织有生以来的第一张网。

1 丝线上的物件：这个挂在空中的空心蜗牛壳是一只跳蛛为后代准备的暖箱。

3 织物雕塑：谁说茧非得是圆的？这只小小的球蛛更喜欢用富有装饰性的形状包裹自己的后代。

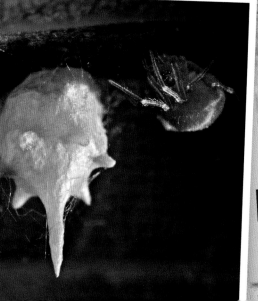

4 闪闪发光的管道：一只家隅蛛怯生生地从自己居住的地道向外望去。这一藏身之处呈漏斗状，猎物触碰后虽不至于被黏附，却能瞬间被蜘蛛察觉。

5 巴基斯坦的一场洪水把蜘蛛赶到了树上。它们的数量是如此巨大，以至于结出的蛛丝包裹了整个树冠。

6 这是一些由球蛛织出的奇妙支架网。一旦昆虫不慎触碰到这些长长的、垂直的"绊脚索"，它们就只能无助地在空中来回摇晃。

7 一些蜘蛛网上的锯齿状图案究竟有何作用，研究者至今仍不得其解。也许这所谓的加固装置是为了防止鸟类撕破蛛网。

不可思议！

蜘蛛只是为这件神奇的外套提供了原材料，真正织就这件绝世华服的是两位艺术家，他们花了 8 年时间在马达加斯加收集络新妇。他们从超过 100 万只络新妇蜘蛛的丝腺里获得丝线，并于一天后释放它们。这种饱和度极高的金色是蜘蛛丝的自然色彩。

蜘蛛有多毒？

是的，我们地下室里的蜘蛛也是有毒的。但你不用害怕：即使它们的毒牙能穿破你的皮肤，你最多也只是感到仿佛被蚊子叮了一下。与嗜好人血的蚊子不同，蜘蛛对人类唯恐避之不及。只有一种蜘蛛没有毒腺：显然，妩蛛科蜘蛛的陷阱已无懈可击，它们不再需要额外的武器。在剩下的上万种蜘蛛中，最多只有 200 种能伤害到人类，其中少数在极端情况下能置人于死地。

哪些蜘蛛很危险？

在美洲、澳大利亚以及地中海地区，出没着不同种类的"黑寡妇"蜘蛛。黑寡妇是危险的毒蜘蛛的代号。尽管这些毒蜘蛛拥有剧烈的神经毒素，但其实并不十分有攻击性。与之相反，澳大利亚的毒疣蛛和巴西的菲纽蛛在遇到危险时却毫不退缩。它们竖起腹部，伸长有毒的螯爪，有时甚至跳到敌人身上。例如，当人们举着扫帚想要驱赶菲纽蛛时，它会跳到扫帚上，然后冲向握着扫帚柄的攻击者。不过自打有了解毒剂后，已经很少有人死于这两种蜘蛛的螯咬了。中欧并没有这些蜘蛛，但是偶尔会有一些误入香蕉筐的毒蜘蛛流入，毫无疑问，这会引起骚动。德国最毒的蜘蛛是一种稀有的红螯蛛，但是被它螯咬的疼痛感并不比被胡蜂螯咬引起的刺痛感强多少。

▶ 你知道吗？

研究者尝试从蜘蛛毒液中提取有效的药物成分。例如智利火玫瑰蜘蛛毒液中的某种有效物质对治疗心率失常有辅助作用；还有一些成分可用于生产抗生素；据说剧毒的菲纽蛛体内含有一种能够改善性功能的天然物质！

毒疣蛛只生活在澳大利亚，是一种非常危险的动物，雄性毒疣蛛尤其有毒。

园蛛也是有毒的。它们的螯咬类似蚊子的叮咬。

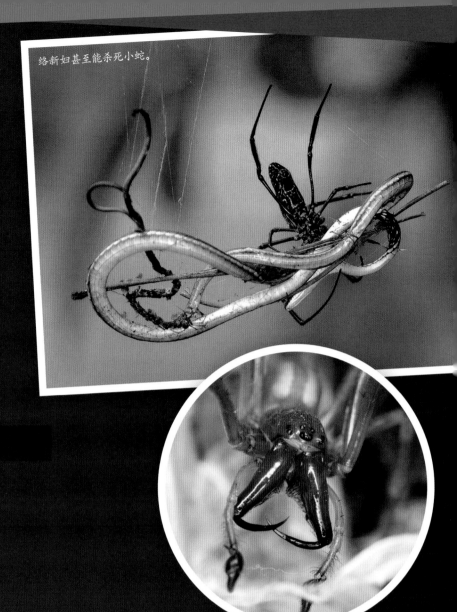

络新妇甚至能杀死小蛇。

麻痹加溶解

　　蜘蛛的毒液有两大任务：首先是快速令猎物死亡或至少使其麻痹、无法动弹；其次是软化猎物，方便蜘蛛吸食。而蜘蛛的唾液中还含有能溶解猎物的其他物质。

　　因此，蜘蛛的毒液大多含有许多有效成分，其中一些可以扰乱神经系统，例如导致心跳或呼吸骤停；另一些则能够破坏肌肉组织。这也是为何一些蜘蛛的蜇咬会造成大面积难以愈合的伤口。

知识加油站

▶ 捕鸟蛛尽管体形巨大，但毒性并不强。

▶ 体形娇小的蜘蛛往往比大蜘蛛更毒。

▶ 如果不想自卫，蜘蛛有时也会为了节省毒液而"干咬"。

拥有强壮毒牙的红螯蛛被认为是德国最毒的蜘蛛。

危险的菲纽蛛

　　巴西的菲纽蛛，也称为香蕉蜘蛛和巴西游走蛛，被认为是全世界最毒的蜘蛛之一，因为最初藏在香蕉筐里来到欧洲而得名。被它蜇咬后，一个成年人也可能丧命。

采访黑寡妇

黑寡妇女士，采访开始前，我是否需要先立个遗嘱?

亲爱的，别那么神经兮兮! 难道您每次看到胡蜂都要喊救护车吗? 它们可比我们危险多了! 每年有几千人死于蜜蜂或胡蜂叮咬，可是被蜘蛛蜇死的，您用 10 个手指头就数得过来。即使不去医生那儿处理，我的叮咬也只有 1 / 20 的致死率。我真没那么可怕。

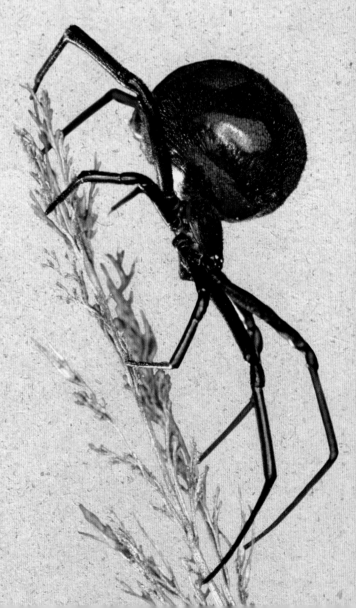

既然如此，您又为何非得喷射毒液呢?

您瞧瞧我，又瘦小又虚弱，弱不禁风的。没有毒液,我连苍蝇都杀不死。我可不想每得到一小口食物都得搭上性命。

由于一些其他原因，您的名声并不好。听说您在交配后会吃掉配偶?

哎呀，又是这些谣言。没错，偶尔会有一两个求偶者逃得不够快。我是食肉动物，我也有我的本能反应。绝大多数雄性蜘蛛都清楚何时该进、何时该退，但有些小伙子就是管不住自己，即使雌性蜘蛛根本没准备好交配，它们也喜欢胡搅蛮缠。

您到底生活在哪儿？

嗯，我住在美洲。但我有一大帮子亲戚，全世界各个温暖的地方都有它们的身影。另外，托全球货物运输的福，我们的足迹遍布世界各地。我的一些表亲，甚至已经到达凉爽的比利时了。

不可思议！

以前，意大利南部的人们认为被塔兰图拉狼蛛蜇咬后，受害者会发狂般抽搐，想要治好这种怪病，病人必须长时间地快速跳舞，直到筋疲力尽。一种情绪激烈的民间舞蹈塔兰泰拉的名字就源于此。据推测，人们可能把无害的塔兰图拉狼蛛与间斑寇蛛搞混了。间斑寇蛛是黑寡妇蜘蛛在南欧的亲族，它们的蜇咬会引起剧烈疼痛和肌肉痉挛。而中世纪曾爆发的大规模狂舞癖，更有可能是心理原因导致的。

嗯……还有一个有些冒昧的问题：听说您喜欢待在厕所里，还会咬人类的屁股？

如果突然有一个庞然大物坐在您身上，您会怎么做？厕所环境潮湿，许多昆虫会投入我的网中。至于人类，我真的没什么兴趣。

我们究竟该如何与您相处？

别惹我，也别动我的网。如果您非要踩入澳大利亚或美洲的灌木丛里，睁大眼睛好好看看。我身上有红色斑点，很好辨认。如果您一不小心被咬了，别慌张，还有解毒剂呢。

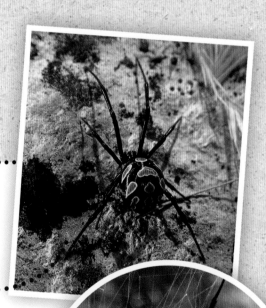

可怕且美丽的家族

选美皇后

有着极美斑点的欧洲黑寡妇又叫间斑寇蛛。

经典形象

来自北美洲的黑寡妇是家族中最著名的代表。

褐寡妇

还有褐色甚至白色的寡妇蜘蛛！

澳大利亚寡妇蛛

红背蜘蛛甚至能猎杀壁虎！

障碍重重的恋爱

雄性蜘蛛的日子可不好过！首先，想要找到雌性蜘蛛，得跨越千山万水。接着，它们得向饥肠辘辘的雌性蜘蛛表明自己求爱的立场，而不是沦为其果腹的美食。要知道，当你比自己选择的雌性蜘蛛体形小许多的时候，谈恋爱可没那么容易！

许多雄性蜘蛛在自己的配偶身边就仿佛一个侏儒。雌性络新妇比它们的骑士要大 10 倍！毕竟，雌性蜘蛛终有一天要为人母，它需要储备能支持自己产卵并保护后代的营养。

相反，小个子雄性蜘蛛则更灵巧。为了求偶，它们可以长途跋涉，一些年轻蜘蛛甚至可以在空中飞航。交配后，雄性蜘蛛必须快速离开，否则可能会被吞食。如果撤退及时，它们甚至可以与多个雌性蜘蛛交配，生育大量后代。

带着小口袋求偶

蜘蛛交配本身也十分麻烦。因为雄性蜘蛛没有长在外部的生殖器官，所以它们首先要织一块小小的丝网——毕竟是蜘蛛嘛——然后从生殖孔中排出精液，黏附在网上。接着，它们用触肢末端的触肢器收集起精液。装备完成后，雄性蜘蛛就开始了求偶的旅程。一旦成功靠近雌性蜘蛛，它们就用触肢把精液送进雌性蜘蛛的外雌器内。不同种类蜘蛛的外雌器结构不尽相同，因此才像钥匙对应锁孔一般，只有同一种类蜘蛛的触肢器才能匹配。不同种类蜘蛛交配的时长大相径庭，有的几秒钟就结束了，有的则能持续好几个小时。有时雌性蜘蛛会在交配后吃掉雄性蜘蛛，当然这不是必然的。雌性横纹金蛛尤其贪食：4 / 5 的雄性横纹金蛛会为交配付出生命的代价。然而，它们很可能是自愿被吃的。研究者发现，如果母亲吃下父亲，后代会更强壮、更健康！显然雄性蜘蛛含有对后代有益的特殊营养物质。

有些蜘蛛的交配过程则非常和谐。水蛛配偶双方可以长时间在潜水钟里共处。然而，水蛛也是为数不多的雄性体形大于雌性的蜘蛛种类。

不相称的配偶：蟹蛛（粉色）与她的伴侣（小）。

知识加油站

▶ 与大多数蜘蛛不同，雄性盲蛛有长在外部的生殖器官。

▶ 迄今发现的世界上最早的雄性动物的生殖器官部件，属于一只在 4 亿年前石化的盲蛛！

雌性蜘蛛的触肢
触肢看上去和用来走路的腿差不多。

雄性蜘蛛的触肢
雄性蜘蛛直到交配前都将精液存储在一个附着的储精囊里。

不可思议！

一旦雄性美洲横纹金蛛将自己的触肢伸进雌性蜘蛛的外雌器中，触肢器就会立即脱落——雌性蜘蛛什么都不用做！雄性蜘蛛的触肢器会在一段时间内封住雌性蜘蛛外雌器的开口，避免它再与其他雄性蜘蛛交配。

这只雄性新园蛛温柔地靠近雌性蜘蛛。

一只长着大理石花纹的雄性园蛛（右）小心翼翼地凑近试探……

幸运的是这位女士似乎有意与它交往！

雄性蜘蛛的求爱技巧

为了求爱时不被雌性蜘蛛当成猎物立刻吃掉，雄性蜘蛛可得动动脑筋。因而蜘蛛有着非常奇特的求偶仪式。下面由5位风流倜傥的花花公子来讲讲它们向恋人示爱的技巧。

奇异盗蛛

"我会给意中人带去礼物，以此安抚她的情绪。要是手头凑巧没有肥美的苍蝇，我也会包一些不能吃的东西来假装礼物。女士们发现时往往为时已晚。因为她还在忙着拆包装时，我已经切入正题了。是的，有时我也会把包裹再次带走。现在你们知道我的名字从何而来了吧……"

冠花蟹蛛

"女人可不值得信任，因此我还是谨慎为先，先用丝线把恋人包裹起来。当然，交配后她可以很轻松地挣脱束缚。"

园 蛛

"我可不想我对象把我和在网里垂死挣扎的昆虫搞混，因此我会织一条线固定在她的网上，以一种特定的方式拉扯。通过这一信号，她就能知道我是一只雄性蜘蛛。有时我得努力好几个小时，但总有那么一刻她会迎面向我走来。"

狼 蛛

"我敲鼓的样子人见人爱。我用自己的附肢在地上击出最热情的节拍。我敲得可响啦！如果竖起耳朵，你们人类都能听见呢！"

跳 蛛

"舞蹈在我们这儿可流行哩！而且，我们跳舞一点都不含糊，否则在自己中意的女士面前就没有机会可言。毕竟我们跳蛛视力超群，她们都认真看着呢。告诉你们，当你长着8条腿的时候，哪怕一段短短的舞蹈都变得异常复杂！"

蜘蛛是好母亲吗？

狼蛛奋力保护自己的卵囊，即使外出捕猎也不忘把卵囊粘在丝腺上随身携带。

当然！昆虫界不乏在树叶上产下卵便嗡嗡飞走的例子，但绝大多数蜘蛛都会非常悉心地照料后代。它们永远不会像有些昆虫一样让虫卵毫无保护地散落一地，而是用丝线织出卵囊加以保护。这些保护壳不仅能避免卵干燥脱水，还能起到保温作用。此外，蜘蛛的天敌和寄生虫也很难在卵囊里存活。

尽管如此，保险起见，许多蜘蛛母亲还是会把自己的卵分批包裹在不同的卵囊里。这样即便某一只卵囊遭遇不测，它也不至于失去全部孩子。有的蜘蛛把精致的卵囊藏在裂缝里，有的挂在树叶下的一根丝线上，还有的则保存在自己地下的居住管道中。母亲们常常看守着自己的卵，遇到偷卵贼会非常愤怒地奋起反抗。像狼蛛这样喜欢四处游荡的蜘蛛甚至无时无刻不带着自己的卵囊。如果你仔细观察，在春天，你会看到身体下方挂着一个浅色球体的雌性狼蛛。有时卵囊比蜘蛛本身还要大！而园蛛在秋天产下卵后不久就会死亡，年幼的蜘蛛来年春天才会破卵而出，生命伊始便只剩自己可以依靠。

成百上千的横纹金蛛幼蛛刚刚离开越冬的卵囊，很快它们就会成年。

妈妈喂宝宝

如果蜘蛛母亲产卵后还活着，那么时辰一到，它们就会打开卵囊。此时年幼的蜘蛛已经成型，但仍十分脆弱，且身体透明。因此不难理解为何许多蜘蛛不会立刻对幼蛛弃之不顾，而是再照料一段时间。狼蛛看起来尤其滑稽，它们会背着所有的孩子四处游走。一些蜘蛛会为了幼蛛出去捕猎，给它们带回极小的猎物。有些球蛛甚至会先吃下食物并消化后，再嘴对嘴给幼蛛喂食已经消化好的食物。

遇到幼蛛不能吃的食物，母亲会挑出来吃掉，因而会增加不少体重。此时的母亲就是个活体冰箱：不久它就会死亡，而它的尸体会成为孩子们的食物。有些种类的蜘蛛后代还会同类相食：身体强壮的蜘蛛往往会吃掉比它们弱小的兄弟姊妹。

最晚到这时候，年幼的蜘蛛就该独立了。晚夏时节，风中有成千上万的蜘蛛在蛛丝上飘荡——它们在寻找自己的领地。

一一得二

和所有节肢动物一样，蜘蛛分阶段成长，在成长的过程中它们会蜕下旧壳。

不同种类和性别的蜘蛛一生中会蜕皮4～12次。蜕皮时，蜘蛛的背甲率先裂开，接着更多的裂痕逐渐显现。蜘蛛先是努力收缩腹部，然后一条腿接一条腿地离开原先的"衣服"，最后只剩下一层空空的蜘蛛外壳。蜕皮时以及刚蜕完皮的蜘蛛毫无自卫能力——这种状态会一直持续到它们的新壳变得坚硬为止。

➡ 纪录

4 000 粒卵

不同种类的蜘蛛产卵数量各不相同，产卵最多者可达4 000粒。在这群8条腿的生物中，有些小个子一次产下1～2粒卵就满足了。

这些蜘蛛幼蛛只有在孩提时代才会集体行动。

大型聚会

蜘蛛是好斗的食肉动物，如果同类靠得太近，它们也会相互攻击，因此蜘蛛一般喜欢独居。但是也有例外！住在水边的人们常常为数量众多的硬类肥蛛所困扰。这些蜘蛛喜欢生活在桥下，它们喜欢阴冷潮湿的环境，因为水面上有大批蚊子嗡嗡飞舞；同时，房屋的灯光也会吸引其他昆虫。蜘蛛在这些地方获取的猎物足够整个群落生存，因此这些 8 条腿的生物才可以在如此狭小的空间里和平地簇拥着捕猎。

热带雨林中也不乏猎物——多种多样的昆虫。这里的蜘蛛不仅能和谐共处，还能真正地相互合作，人们称它们为"社会型蜘蛛"。它们齐心协力建造起巨型巢穴，保护家园免受敌人和偷食者的侵入。同样，猎食也是集体活动。它们可以搞定比自己大许多倍的动物。捕猎时，社会型蜘蛛常常扯动蛛丝来相互沟通。有些蜘蛛群甚至能网罗鸟类和蝙蝠，然后再分而食之。

巨型网络中的蜘蛛托育所

在拉丁美洲，常常有数以千计的球腹蛛共同生活在一张直径1米左右的大网中。大网被一根根长长的丝线固定在几棵树上，就像一个吊床一样。这些豌豆大小的动物有着非常罕见的特性：它们像蜜蜂和蚂蚁一样共同照料后代！例如，当气温不适宜时，它们会通力协作，把卵携带到另一个地方。幼蛛破卵而出后，无论是否亲生，蜘蛛母亲都会一视同仁地哺育。

在蚁群和蜂群中，只有蚁后与蜂后才能繁衍后代。但蜘蛛不同，所有的雌性蜘蛛都可以成为母亲。但是在蜘蛛群落里也并非人人平等：强壮的雌性蜘蛛产卵更多，而相对弱小的雌性蜘蛛有时则不得不放弃后代。

研究者甚至发现西非的漏斗蛛有分工的迹象：体形较大的蜘蛛往往负责捕食猎物，而相对娇小的蜘蛛则投身于织网工作。

➡ 你知道吗？

近年来，一种种类至今未知的盲蛛在德国渐渐繁殖起来。这些动物足展长达18厘米，经常数以百计地聚集在破败的房屋周围。人类如果靠近，这些盲蛛就会有节奏地来回颤动，以此吓退敌人。此情此景看起来令人毛骨悚然，但是这些新来客和所有盲蛛一样于人无害。据猜测，它们可能是从鹿特丹的港口乘船进入中欧的。

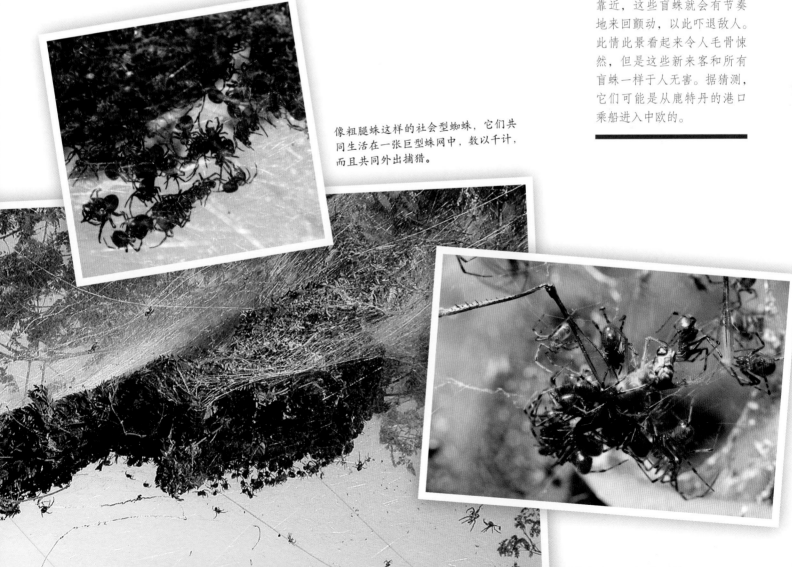

像粗腿蛛这样的社会型蜘蛛，它们共同生活在一张巨型蛛网中，数以千计，而且共同外出捕猎。

蜘蛛恐惧症

你害怕蜘蛛吗？当看到一只蜘蛛在你房间里爬行时，你是否会辗转难眠？或者，你是那种即使蜘蛛爬到手臂上都能淡定自若的无畏派？有些人非常恐惧这些 8 足动物，以至于再也不敢进入地下室。这种对于蜘蛛的病态畏惧被称为蜘蛛恐惧症，是可以通过心理治疗得到缓解的。

令人毛骨悚然？这是一只进攻状态的捕鸟蛛。

与生俱来还是后天习得？

相比之下，生活在原始部落的人们显然没那么害怕蜘蛛。另外，女性患上蜘蛛恐惧症的概率比男性更高。这都说明对于蜘蛛的反感并非深植于人类的天性中，而是后天习得的。当然，人们似乎天生就对蜘蛛有某种不信任感。例如我们的大脑对于蜘蛛以及蛇的反应速度比对花朵、青蛙或毛毛虫要快得多。这可能是一种帮助我们的祖先迅速识别潜在危险的预警系统。可是这种天然的小心又是怎么变成厌恶，甚至是病态的恐惧的呢？那还离不开糟糕的经验。例如当一只蜘蛛在奶奶的大腿上吐丝时，奶奶如果惊声尖叫，那么她的孙子也会被吓一跳，此时他便明白，蜘蛛是讨厌的动物——以后看到也会躲得远远的。

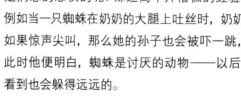

有趣的事实

情愿要老鼠！

蜘蛛也是电脑游戏里常见的反派形象。但由于有些游戏玩家会对蜘蛛感到恶心，因此网上有专门的软件可以把虚拟的蜘蛛转变成老鼠之类的其他形象！

在 20 世纪 50 年代的好莱坞经典电影《狼蛛》中，一只小小的蜘蛛突变成了巨兽。

非得将蜘蛛赶尽杀绝吗？

一看到蜘蛛就拿着吸尘器追赶可不是什么善举，但这并不会影响到这一物种的存续。与这相比，在田野里喷洒农药要恶劣得多：蜘蛛作为昆虫捕手，实际上是农民的天然盟友，但它们却在农民杀灭害虫时，被连带着成批丧命。

由于生存环境被人类破坏，许多蜘蛛面临着巨大的威胁：草地被翻耕成单一的耕地，空地被建筑填满，原始森林被砍伐，沼泽被排干。这不仅直接伤害了蜘蛛，也威胁到了昆虫的生存：当昆虫数量减少时，蜘蛛也只得忍饥挨饿了。

在德国，约40％的蜘蛛种类位列濒危物种红色名录，其中包括奇特的会捕鱼的水涯狡蛛、漂亮的黑斑蝇狼以及有着醒目斑点的柯式隆头蛛。即便是水蛛这种独一无二的动物也受到了严重威胁：污染的水域会令它们丧命。

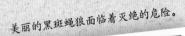

噫，快把它弄走！但请用正确的方法……

1. 踩扁蜘蛛似乎十分高效，但却会留下难看的污渍。

2. 吸尘器对蜘蛛来说，意味着终身监禁和漫长的饥饿，而且蜘蛛不知又会从哪里重新爬出去。

3. 好吧，杀虫剂也能逼得蜘蛛无路可逃，但杀虫剂本身对你和家人也没啥好处。

4. 最好的办法是用一个玻璃杯罩住蜘蛛，在底部插入一张明信片，然后把它引到屋外去。再见了，美人！

美丽的黑斑蝇狼面临着灭绝的危险。

完美的榜样

收集智慧的蜘蛛

在欧洲的神话传说中很少出现蜘蛛，但在西非却截然不同：在那里，聪明的蜘蛛阿南西是最重要的神话人物之一。阿南西是天神之子、日月星辰的创造者。此外他还给人类带去了智慧。故事是这样的：有一天，阿南西启程去收集全世界的知识。他想用智慧装满空心的葫芦。阿南西翻越了千山万水，询问了所有能问到的人。当葫芦里终于装满智慧后，他想把它藏在树梢上。可是他因为把葫芦绑在肚子上，难以攀爬，所以怎么都上不了树。这时，阿南西的小儿子经过，便建议阿南西把葫芦背在背上。

阿南西震怒，他意识到儿子在这一点上比自己还聪明，也就是说他根本没有收集满全世界的智慧！他大发雷霆，把葫芦远远地甩了出去。就这样，智慧散落在了世界的各个角落。

高傲的阿拉喀涅

希腊神话中的蜘蛛阿拉喀涅（Arachne）则没有那么惹人喜爱：阿拉喀涅原本是一名纺织技艺高超的年轻女子，她总是吹嘘自己的本领，认为自己的技艺无人能敌，甚至声称自己超越了女神雅典娜。雅典娜听说后，便要求与阿拉喀涅比试比试。

事实上，两人织出的图案同样精美。但一想到一个凡人居然能与自己比肩，雅典娜感到非常耻辱，更何况阿拉喀涅的作品大不敬地描绘了诸神的风流韵事。震怒的雅典娜将这位年轻女子变成了丑陋的小蜘蛛，罚她永远都要织网。而希腊语中的蜘蛛就叫作"阿拉喀尼"（arachni）。

➡ 你知道吗？

有句古老的德国谚语叫："清晨纺纱线，痛苦忧相伴。"原本这句谚语和蜘蛛并无关系！它形容的是那些只有不停纺线才能维持生活的织女们。她们一大早就坐在纺车旁劳作，却依然穷困潦倒。但德语中"纺纱"和"蜘蛛"是同一个词，所以这则谚语也可以理解为"清早遇蜘蛛，痛苦忧相伴"。

呸！蜘蛛！
纺织技艺超群但心高气傲的阿拉喀涅被雅典娜变成了蜘蛛。

蜘蛛阿南西收集了全世界的智慧——然后将它们散落在四方。

身处托马斯·萨拉切诺的绳索装置作品中，人们会觉得自己仿佛就是一只蜘蛛。

人们从蜘蛛身上学到了什么？

科学家不仅对蛛丝心驰神往，他们还借鉴蜘蛛的结构来研发机器人。德国的应用科学研究机构夫琅和费研究所设计了一款移动机器人，它的 8 条腿可以像蜘蛛一样行走，因此即使是在障碍重重的场地，它也能活动自如。未来，它将参与自然灾害或工业事故的救援。这种高科技蜘蛛机器人可以传输事故现场的影像，或是探测危险的化学制品。

蜘蛛同样激发着艺术家与建筑家的灵感。例如知名建筑师弗雷·奥托就曾潜心研究过皿蛛的蛛网。由他设计的像帐篷一样由金属索悬挂起来的屋顶的确让人联想起蜘蛛网，其中最著名的设计当属慕尼黑奥林匹克体育场和 1967 年蒙特利尔世博会德国馆的屋顶。

蜘蛛功不可没：慕尼黑奥林匹克体育场的屋顶看上去就像一只巨型蜘蛛的家。

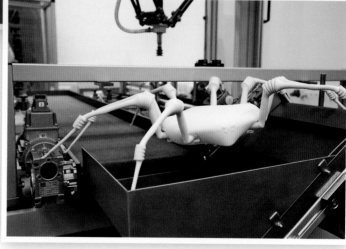

这只人造蜘蛛由气压驱动。但是它还没法像真正的蜘蛛一样在屋顶爬行。

怎样成为蜘蛛小达人？

如果在草地上溜达，你很快就会注意到蜘蛛的种类是如此丰富。想要成为真正的蜘蛛达人，下面是一些操作小提示。

如何捕捉蜘蛛？

你可以在墙角里、裂缝中、石头下或是松动的树皮间找到蜘蛛。如果你把撑开的雨伞倒立着放在灌木或大树底下，然后摇晃树枝，会有许多蜘蛛因为害怕而掉落在伞里，这也是捕捉蜘蛛的好方法。

你还可以拿着捕虫的网兜到草地上捉蜘蛛。将网的开口朝向一侧，然后贴着地面来回晃动，就可以把小动物从草秆上刮下来。

最好不要亲手抓蜘蛛。像园蛛或家隅蛛这类体形较大的蜘蛛可能会咬你，虽然这对人并没有什么威胁，但能避免最好还是避免。此外，你也可能会弄伤蜘蛛，有些蜘蛛为了逃跑还会自断一腿。

你可以把两根软管头尾相插，制成一个简易的吸虫器。为了避免吸入蜘蛛，你可以在接口处蒙上一块纱布。用做好的吸虫器对着蜘蛛吸气，你就可以轻松地吸住蜘蛛，然后把它转移到玻璃瓶里。

仔细看看

蜘蛛经常坐在蛛网中央，你可以用放大镜仔细观察。

你需要：

漏斗

台灯

放大镜

可密封的玻璃罐

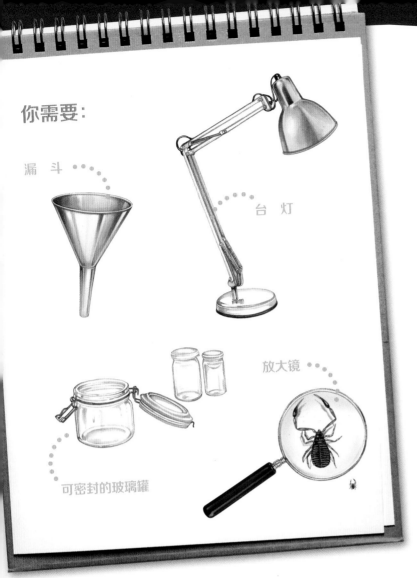

漏斗诀窍

有一种窍门，能帮你找到藏在森林中层层落叶里的蜘蛛。首先，你可以在一个玻璃罐内垫上揉皱的、潮湿的餐巾纸。再从树林里收集一些落叶，小心地放进漏斗里。接着，把漏斗放在玻璃罐上，接受台灯的照射。

为了躲避光线和热量，树叶里的小家伙们会逐渐躲藏到漏斗的底部。突然，小家伙们就从漏斗落入玻璃罐里，这时你就可以用放大镜观察它们了。尽情观察后，别忘了把捉住的所有动物都放归自然！请把它们送回你发现它们的地方。

蜘蛛可以成为宠物吗？

你心血来潮，想要有一只蜘蛛做伴？首先你可能得花大力气说服你的家人。不过有些捕鸟蛛确实是简单易养又有趣可爱的宠物。但是请你好好想想，你是否愿意长年照顾你的蜘蛛：每天换水，控制温度，一周喂食一次？

对于新手，专家们会推荐洪都拉斯卷毛蜘蛛（一种捕鸟蛛）。它们性情非常温和，你甚至可以把它从饲育箱中拿出来。尽管如此，请切记捕鸟蛛绝非毛绒玩具！最好别去打扰它们。因此捕鸟蛛更适合那些可以把它们当作宠物观察而不是非要抚摸的大孩子。如果你想购买，请一定要买受过训练的捕鸟蛛。由于大规模的饲育箱人工饲养，有些种类的捕鸟蛛已经很难在野外找到了。在购买前，请务必搞清楚你的蜘蛛应该如何饲养。

毛茸茸的家族成员
许多捕鸟蛛十分适应饲养箱中的生活。

捕鸟蛛是独行侠，因此应该单独饲养。

你认识 这些蜘蛛吗？

以下是家里和花园中最常见到的 6 种蜘蛛。

巨型家隅蛛

它是人尽皆知又人人讨厌的经典室内蜘蛛。它体形巨大，通体黝黑，长着长长的脚，符合人们对"恶心蜘蛛"的所有刻板印象。然而，尽管体形巨大，这种家隅蛛却于人无害。巨型家隅蛛大部分时间都待在某个角落里的漏斗状丝管中，只有当猎物碰到陷阱时它们才会探出头来。

家幽灵蛛

人们经常把它和盲蛛搞混，但是仔细看，还是能辨认出它分为两节的躯体。家幽灵蛛是逐渐分布到全世界各地的，直到最近几十年才来到人类家中。在这里它们蓬勃生长——你的房间肯定也有！角落里那些凌乱的蛛网就是它们的作品。感到威胁时，它们会浑身颤抖以迷惑敌人。

十字园蛛

在现已发现的园蛛种类中，十字园蛛是最知名的代表。尤其是晚夏时分，它们在树丛中或植物茎秆上编织的巨大而美丽的圆网十分引人注目。大多数时候，它们全天脑袋朝下坐在网中央，等待着蜜蜂、胡蜂或苍蝇一头栽入网中。

肥腹蛛

闻所未闻，见所未见？实际上，肥腹蛛在室内十分常见，但是由于它最多只有 8 毫米大，所以我们几乎察觉不到。这些圆滚滚的小动物因其闪闪发亮的胖肚子而得名。它们小小的蜘蛛网贴近地面，用丝线绑定着朝各个方向撑开，有点儿像吊床。雄性肥腹蛛用带刺的腹部摩擦头胸部时，会发出人耳听得见的响声。

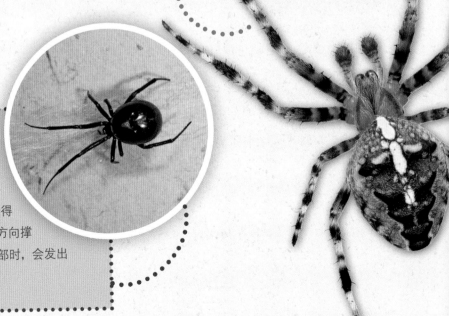

斑马跳蛛

　　这种小巧可爱的黑白色蜘蛛一般出没在温暖的地方，例如向阳的墙壁。想要观察它，你应当慢慢靠近，因为和所有跳蛛一样，它们视力超群。如果有足够的耐心，你也许可以目击这种娇小的食肉动物跳起来捕获苍蝇的画面。

皿蛛

　　到了秋天，皿蛛常常在草地和灌木丛上拉起成百上千的华盖状的蛛网。它们张开纷乱的丝线，将飞翔的昆虫纷纷绊倒在网上。这些蜘蛛本身体形娇小，毫不起眼，总是肚子朝上倒挂在自己的网下。只有专业的蛛形学家才能区分出生活在中欧的 500 余种不同类别的皿蛛。

➡ 你知道吗？

　　你一定被清晨浴缸里或者洗碗池里的家隅蛛吓到过。有人认为这种蜘蛛是通过下水道爬进来的，其实不然，更多时候是雄性家隅蛛在求偶的途中掉落下来了。家隅蛛腿上的茸毛抓不住光滑的表面，因此浴缸对它们来说就成了陷阱。

名词解释

阿南西：西非神话里的蜘蛛神。

阿拉喀涅：希腊神话中被女神雅典娜变成蜘蛛的年轻女子。

蜘蛛恐惧症：对蜘蛛等蛛形纲生物产生的强烈的、非理性的恐惧反应。

求偶仪式：雄性动物追求雌性动物的某些特定行为。

莱姆病：一种由蜱虫传播的、危险的细菌感染性疾病。

螫毛：一些美洲捕鸟蛛的自卫武器。遇到危险时，它们会把腹部高致痒性的螫毛踢下来，用来攻击潜在的敌害。

螯肢：位于蜘蛛口器的前方或上方的附肢。

化石：因自然作用而保存于地层中的古生物的遗体、遗迹等的统称。

活板门蜘蛛：活板门蜘蛛会在洞口处编织一个活动式的"门"盖住洞口，然后躲藏在活板门下的管道中等候猎物。

书肺：蛛形动物特有的呼吸器官，内有许多纤薄的书页状肺叶，氧气经由这些肺叶输送到血液中。

节肢动物：动物界中种类最多的一门，身体由多数结构与功能各不相同的体节构成，代表动物有蜘蛛、昆虫、螃蟹等。

妖面蛛：妖面蛛随身携带着一张小网，遇到猎物时，就像渔民撒网一样用网罩住对方。

卵囊：蜘蛛丝织成的、用于保护卵的外壳，大多为圆形。

妩蛛科：妩蛛科蜘蛛会吐出一种特殊的、没有黏性的蛛丝，但是这些蛛丝非常精细，猎物一旦被困，绝无逃脱的可能。

流星锤蜘蛛：流星锤蜘蛛用一根尽头挂着黏液的蛛丝捕捉猎物。

寄生虫：靠其他动物供养的寄生动物的统称。

拟态：伪装术，指动物为了保护自己而伪装成另一个物种或其他物体，以混淆另一方（如掠食者）的认知。

红色名录：指世界自然保护联盟濒危物种红色名录，是生物多样性状况最具权威的指标。

黑寡妇蜘蛛：一种毒液具有剧烈毒性的球腹蛛科蜘蛛。

节：节肢动物的身体分段。

络新妇：一类热带园蛛，体形巨大，善于编织坚韧的蜘蛛网。

丝腺：蜘蛛体内分泌丝液的器官，位于蜘蛛的后腹部，与纺绩器相通。

纺绩器：位于蜘蛛腹部的小凸起，表面分布着许多纺管。由丝腺分泌的丝液经过纺管纺成蛛丝。

塔兰图拉狼蛛：大型的、多毛的蜘蛛。英语中的"Tarantula"曾经被误用来指代狼蛛科与捕鸟蛛科等大型蜘蛛，现在特指捕鸟蛛。

触肢：蜘蛛的第2对附肢，位于螯肢之后。

漏斗蛛：因编织的蛛网呈漏斗状而得名。

捕鸟蛛：捕鸟蛛科属于相对原始的蜘蛛，部分种类体形巨大，分布在地球上的温暖地带。

内 容 提 要

本书介绍了蜘蛛的生存环境、身体特征、生活习性以及人与蜘蛛的关系。蜘蛛五花八门的捕猎方式是自然的奇迹，充满艺术性的蛛网中藏着不少玄机。读完这本书，你会发现蜘蛛的有趣之处，消除对蜘蛛的偏见。《德国少年儿童百科知识全书·珍藏版》是一套引进自德国的知名少儿科普读物，内容丰富、门类齐全，内容涉及自然、地理、动物、植物、天文、地质、科技、人文等多个学科领域。本书运用丰富而精美的图片、生动的实例和青少年能够理解的语言来解释复杂的科学现象，非常适合 7 岁以上的孩子阅读。全套图书系统地、全方位地介绍了各个门类的知识，书中体现出德国人严谨的逻辑思维方式，相信对拓宽孩子的知识视野将起到积极作用。

图书在版编目（CIP）数据

神秘的蜘蛛 ／（德）雅丽珊德拉·里国斯著 ； 孙瑜译 . -- 北京 ： 航空工业出版社，2022.10
（德国少年儿童百科知识全书：珍藏版）
ISBN 978-7-5165-3032-0

Ⅰ．①神… Ⅱ．①雅… ②孙… Ⅲ．①蜘蛛目—少儿读物 Ⅳ．① Q959.226-49

中国版本图书馆 CIP 数据核字（2022）第 074810 号

著作权合同登记号
图字 01-2022-1310

SPINNEN Jäger am seidenen Faden
By Alexandra Rigos
© 2013 TESSLOFF VERLAG, Nuremberg, Germany, www.tessloff.com
© 2022 Dolphin Media, Ltd., Wuhan, P.R. China
for this edition in the simplified Chinese language
本书中文简体字版权经德国 Tessloff 出版社授予海豚传媒股份有限公司，由航空工业出版社独家出版发行。
版权所有，侵权必究。

神秘的蜘蛛
Shenmi De Zhizhu

航空工业出版社出版发行
（北京市朝阳区京顺路 5 号曙光大厦 C 座四层　100028）
发行部电话：010-85672663　010-85672683
鹤山雅图仕印刷有限公司印刷　　　　全国各地新华书店经售
2022 年 10 月第 1 版　　　　　　　　2022 年 10 月第 1 次印刷
开本：889×1194　1/16　　　　　　　字数：50 千字
印张：3.5　　　　　　　　　　　　　定价：35.00 元